N.o 149

AF234113

Mémoire

adressé

A la Société centrale d'Agriculture

de

NANCY.

par

J. J. GRANGÉ,

Membre Correspondant de cette Société.

1843.

Imprimerie Lithog.que de L. Christophe, pass. du Casino, Nancy.

Sp

149

BIBLIOTHEQUE ROYALE
I

Messieurs,

Près de neuf années sont écoulées depuis le moment ou loin de vous, et par la sollicitation de quelques principaux membres de votre société, je vins me placer à la tête d'une petite exploitation rurale.

Et depuis ce temps vous avez toujours bien voulu me faire l'honneur de m'admettre au nombre de vos correspondants, et de m'éclairer des lumières de votre expérience, ce qui aurait de ma part augmenté la reconnaissance qu'à plus d'un titre je vous suis encore redevable.

Mais outre la double reconnaissance que je sens devoir à la société, j'ai toujours aussi considéré comme un de mes principaux devoirs à remplir envers elle, celui de lui rendre un fidèle compte des résultats que j'ai pu obtenir, quelqu'en soit le genre et la nature, ainsi que de tout ce qui m'est arrivé avant et depuis l'instant ou elle a eu la bonté de me prendre sous sa protection.

Et pour cet effet il y a déjà quelque temps que j'avais conçu le projet de lui adresser un petit rapport au sujet de quelques observations agricoles pratiques, que j'ai été à même de faire, ensuite d'un grand nombre de circonstances ou j'ai eu occasion de me trouver dans cet art que j'exerce il y a déjà trente ans.

Mais la condition dans laquelle je suis né et le peu d'instruction que j'ai reçu, ont été obstacle qui jusqu'aujourd'hui, s'est toujours fortement opposé à l'exécution de ce projet.

Néanmoins le besoin que j'éprouve de remplir envers la société un devoir que je connais bien légitime, me fait franchir cet obstacle, et par mi faible rapport soumettre à son attention les quelques fruits de mon expérience.

Heureux si elle daigne les agréer et en même temps accorder à mon stile toute l'indulgence qu'il peut réclamer en considérant, que vingt quatre mois d'hiver seulement, ont été consacrés à mon éducation.

Et c'est cette indulgence sur laquelle je compte de la part de la société, qui me dispose à lui signaler avant tout quelques unes des principales circonstances ou je me suis trouvé, notamment depuis mon établissement agricole, c'est-à-dire depuis neuf ans.

En mil huit cent trente trois, avant de me rendre ou diverses autres sociétés d'agriculture le désiraient et pensaient ma présence nécessaire à l'épreuve de mon système de charrue, il fut convenu entre quelques uns de mes bienfaiteurs et moi, qu'à mon retour de ce voyage, quoi qu'illimité, je continuerais à me livrer aux travaux de l'agriculture.

Alors Montbenceux sur saône, fut le lieu choisi ou je devais me fixer, pour y cultiver et pour y faire produire une pièce de terre d'une contenance assez étendue qui depuis longtemps restait inculte et conséquemment sans produit.

En dix huit cent trente quatre, étant de retour de mon voyage et après avoir mis l'ordre nécessaire à mes petites affaires. Je vins en effet me rendre à ma destination.

Mais bien peu de temps après que j'y fus établi, je m'apperçus qu'il existait sur mon compte une certaine critique à laquelle véritablement je ne crus d'abord pas devoir y faire attention, Attendu que je venais d'occuper le monde et que pendant deux ans, j'avais joué un rôle qui avait très probablement porté envie à beaucoup de personnes, ce rôle fini et me trouvant en position d'en jouer un autre, je devais m'attendre à être de la part de mes spectateurs l'objet de la plus triste surveillance et en pareil cas on doit toujours aussi s'attendre à être l'objet d'un blâme plus ou moins mérité et c'est ce qui me tranquillisa pour le moment.

Cependant, au lieu de voir diminuer cette surveillance, cette critique, ce blâme enfin, je remarquai au contraire qu'ils devenaient de plus en plus sévères et prenaient tous les jours plus d'intensité, ce qui alors me donna de l'inquiétude en ce sens que je me trouvais fortement exposé à perdre la bonne

1843

considération dont j'avais le bonheur de jouir et que je tenais fort à cœur de me conserver.

Bien que dans ma conviction je n'ai rien eu à me reprocher, néanmoins la crainte d'être jugé trop partial de ma propre cause me fit désirer de pouvoir la soumettre au jugement d'hommes capables et impartiaux, c'est alors qu'après une longue hésitation je me décidai à rédiger d'abord et à adresser à la société un petit rapport sur les principaux faits et actes qui me sont attribuables depuis l'époque où j'avais vingt trois ans; à cet âge quoique jeune encore je comptais déjà quatorze années d'exercice et de pratique dans l'art agricole pour lequel je l'avoue j'avais conçu et conservé pendant longtemps la plus grande aversion, et qui alors était devenu l'objet de ma plus grande affection.

Je connaissais par expérience la cause qui m'avait fait concevoir pour cet état cette aversion à laquelle mon affection n'aurait pas été substituée si je n'avais été plus d'une fois à même d'en apprécier les avantages, ce qui fit que plus j'appréciais les avantages présentés par l'art agricole, plus j'attachais d'importance au moyen de faire disparaître ou au moins de diminuer quelques uns des obstacles que l'on rencontre à l'entrée de la carrière agricole et que l'expérience n'a pas encore discontinué de démontrer comme étant de nature à faire rétrograder un grand nombre d'individus destinés au parcours de cette carrière bien avant qu'ils n'aient été à même de pouvoir apprécier les avantages que l'on peut y rencontrer.

Une longue méditation de ma part sur ce moyen essentiel me fit entrevoir un rayon d'espoir dont mon imagination fut aussitôt frappée.

C'est ainsi qu'excité tout à la fois par cet espoir et par l'importance que j'attachais à la chose, que je luttai pendant longtemps contre le défi et contre la crainte d'une réussite incertaine.

Et malgré que cette lutte n'ait pas été sans succès, néanmoins il est bien démontré que depuis l'âge de vingt ans jusqu'à environ vingt neuf, j'ai consacré toutes mes épargnes et passé en quelque sorte les plus belles années de ma jeunesse à la recherche d'un moyen propre à faire supporter plus aisément, le plus difficile et le plus important des travaux de l'agriculture et cela sans jamais m'inquiéter, quel profit je pouvais en tirer, la seule pensée d'être utile m'en tenait lieu, et plustard lorsque l'occasion s'est présentée je ne crois pas que dans aucun cas ma conduite ait jamais donné des preuves du contraire.

Oui je veux parler de mon système de charrue et de la manière dont j'en ai tiré parti.

Bien des personnes ont été à même de savoir, mais un grand nombre peuvent encore ignorer que ce système a été soumis avec le plus grand scrupule à de nombreuses expériences tant dynamométriques que comparées; Car le résultat qui en a été obtenu il a été démontré d'une manière certaine que son emploi pouvait être très utile à la culture de toute les terres et conséquemment d'un avantage marqué pour tous les laboureurs.

Plusieurs société d'agriculture et particulièrement celle de Nancy, après avoir été témoin de ces expériences, et après en avoir apprécié les avantageux résultats, se sont empressées de les signaler par la plus active publicité.

Cette activité et cette empressement de la part de ces sociétés à publier les avantages résultant de l'emploi de mon système me firent alors comprendre l'importance qu'elles y attachaient et le désir qu'elles avaient de le propager.

Or, comme cette propagation tendait directement vers le but que depuis longtemps je m'étais proposé, pour ne pas y apporter d'obstacle, mais bien pour la favoriser autant qu'il était en mon pouvoir de le faire, je m'empressai moi même, nonseulement d'abandonner gratuitement mon système au profit de tous les laboureurs, mais encore afin que ces derniers puissent se l'approprier avec plus de facilité et de sécurité; je me fis un devoir de me rendre partout où différentes autres sociétés d'agriculture le désiraient à l'effet de procéder à de nouvelles expériences auxquelles leur intention était de le soumettre dans chacune de leur contrée et cela en présence du plus grand nombre possible d'amateurs et d'appréciateurs.

C'est ainsi que durant l'espace de deux années, j'ai parcouru une quinzaine de départements agricoles de France, en répétant partout où l'occasion s'en est présenté des expériences publiques et comparatives qui, il est inutile de le dire, ont été couronnées d'un heureux succès.

La satisfaction qu'un grand nombre de sociétés d'agriculture m'ont témoignée par des marques sensibles de leurs bienveillance en est une véritable preuve; en outre les gages honorables d'un doux et précieux souvenir que j'ai reçu de chacune d'elle sont encore en nombre bien suffisant tant pour détruire toute espèce de doute contraire, que pour m'avoir convaincu que le but que je m'étais proposé était en quelque sorte atteint et qu'alors je m'étais aussi acquitté d'un devoir que je m'étais imposé moi même.

Telle était ma conviction lorsque je crus pouvoir abandonner entièrement l'usage de mon système au bénéfice de tous ceux qui pensaient en tirer un bon parti pour mettre mê même à profit ce qui me restait des gratifications qui m'avaient été accordées en vertu de cet abandon, et prouver par ma gratitude à ceux à qui j'étais redevable de ces bienfaits.

Tel est l'usage que j'ai fait et tel est le parti que j'ai tiré de mon système de charrue, mais à ce sujet déjà quelques personnes ont été induites en erreur par la malveillance ou par l'ignorance de quelques autres sur le chiffre et le montant de ces gratifications, c'est pourquoi je crois à propos d'en faire reconnaître l'exacte vérité en en faisant faire le détail comme suit:

En dix huit cent trente trois pour m'indemniser de l'abandon gratuit que je venais de faire, il fut ouvert une souscription en ma faveur dont le produit s'éleva d'abord à environ quatre mille francs.

Dans le courant des années trente trois et trente quatre après les rapports des divers sociétés, Monsieur le Ministre de l'agriculture voulant me récompenser du sacrifice que j'avais fait et du service qu'il reconnaissait que j'avais rendu à l'agriculture, m'accorda en plusieurs fois une somme de six mille francs.

Enfin dans les mêmes moments il me fut donné au même titre par la générosité bienveillante de certaines personnes à qui j'eus l'honneur d'être présenté diverses sommes d'argent, dont l'ensemble s'éleva de quatre à cinq mille francs, ce qui portait mon avoir à une somme d'environ quinze mille francs, avec cette différence pourtant qu'avec cette somme j'eus à payer tous les frais qui étaient à ma charge, tels que ceux d'impression, nécessités par la souscription, ceux de tous les imprimés relatifs à mon système et ceux d'une correspondance qui pendant deux ans dans cette circonstance fut proportionnée à l'importance de la chose; Enfin ceux de mon entretien personnel et tous ceux que je fus obligé de faire pour me rendre d'un endroit à un autre par les voitures publiques durant les deux années que je passai à parcourir l'intérieur de la france, dans le seul but de favoriser l'adoption et l'application de mon système, en sorte que ces deux années de dépense réduisirent mon avoir à dix mille francs.

Mais ensuite du mariage que je contractai le quatorze avril mil huit cent trente quatre il fut reporté à quinze mille dont alors je fus maître et dépositaire, et comme je l'ai dit plus haut je me proposai à employer de manière à prouver ma gratitude à tous mes bienfaiteurs et de manière aussi à ne donner, à aucun d'eux, le sujet de regretter jamais de m'avoir porté intérêt.

Ce ne fut donc qu'avec l'espoir d'atteindre ce nouveau but que je consentis à faire une acquisition et que dans le courant de l'année mil huit cent trente quatre je vins me fixer à Montmerenc-sur-Saône et m'occuper à mettre en usage tous les moyens propres à améliorer et à rendre productive une pièce de terre dont la contenance était d'environ quarante hectares et qui depuis un assez grand laps de temps, restait inculte et dans un état d'abandon telqu'elle était considérée comme stérile, non seulement par la presque généralité des habitans du lieu, mais encore des contrées environnantes.

Mais l'examen que j'avais fait moi même de cette propriété m'en avait donné une opinion tout à fait contraire, et si j'ai quelque fois regretté de l'avoir achetée, bien certainement ces regrets n'en jamais été excités par la crainte de ne pouvoir en tirer parti.

Cependant l'acquisition que j'en fis répandit la réputation dont elle jouissait avec une rapidité telle qu'il n'y avait pas encore quatre mois que j'habitais mon nouvel endroit, lorsqu'un propriétaire, ancien notaire, habitant les environs de Neufchâteau et ne me connaissant disait-il que de nom, m'adressa une lettre dont je désire rapporter ici les principales expressions; qu'il me le soit permis, c'est la seule que je rapporterai et la seule à laquelle je ferai réponse.

" Pardon mon cher Mr Grangé si je prends la liberté de vous écrire, croyez que c'est le véritable intérêt
" que je prends à vous qui m'y détermine.
" Que je suis fâché mon cher Monsieur, d'apprendre que vous êtes déjà dégouté de votre culture et que
" la propriété que vous avez achetée soit d'une nature tellement ingrate que l'engrais animal n'y produise aucun
" effet, ne perdez cependant pas encore courage, ayez recours à la chaux vive ou aux cendres non lessivées, ce moyen
" a quelques fois très bien réussi à des personnes propriétaires de terrain de cette nature &c. . . . .

Tel était à peuprès le contenu de cette lettre qui m'étonna d'autant plus singulièrement que je n'avais pas encore commencé ma culture, m'y préparant seulement pour l'année suivante, cependant je ne pouvais pas m'en prendre à l'auteur, ses expressions me paraissaient être vraiement dictées par le sentiment du vif intérêt qu'il semblait me porter. aussi crus-je devoir y répondre en ses termes.

" Monsieur. Je m'empresse de répondre à la lettre que vous avez eu la bonté de m'écrire en date du......
" pour vous dire, Monsieur, que je suis doublement heureux, d'abord d'avoir eu le bonheur de vous inspirer
" le haut intérêt que vous daignez prendre à moi, ensuite de pouvoir vous assurer que la personne qui vous a
" parlé sur ma propriété, est mal intentionnée ou a été mal instruite elle même, Attendu que d'une part je ne puis
" pas être dégouté de ma culture ainsi qu'on a voulu vous le dire puisque je ne l'ai pas encore commencé, et que de
" l'autre, loin de craindre que sur ma propriété l'engrais animal ne produise aucun effet je crois au contraire qu'il n'existe
" point de terre pour y être plus sensible, agréez Monsieur &c.................

Dans le même moment il me fut adressé une seconde lettre par une seconde personne que j'avais eu occasion de voir lors du séjour que j'avais fait chez Monsieur Cerrau régisseur du beau Domaine de ferrières, appartenant à Monsieur de Rosschild et où je le vis en passant, ce puissant protecteur des arts et de l'agriculture voulut bien se rendre, accompagné de Messieurs Dupin, Berger et de Montalivet pour assister à une expérience d'instruments aratoires qui devait y avoir lieu.

Je ne sais où et comment l'auteur de cette dernière lettre (qui depuis était devenu régisseur à ferrières) avait été instruit sur ma propriété, mais le fait est que dans sa lettre il s'exprimait à peu près de même que l'auteur de la première que j'avais reçue à ce sujet.

La réception de ces deux lettres, celle de plusieurs autres de cette nature, plus encore l'air insensiblement réfroidi et quelques observations insignifiantes sur ma propriété de la part des personnes avec les quelles j'étais le plus souvent en relation, Tout cela me fit clairement apercevoir que l'acquisition que j'avais faite de cette propriété avait non seulement répandu la déconsidération dont elle jouissait, mais que par le fait je me trouvais de nouveau dans l'obligation de lutter contre le défi de tous ceux qui m'environnaient, de même que j'avais déjà été obligé de le faire lors de l'établissement de mon système de charrue.

Dans cette dernière circonstance comme dans la première je ne pouvais guère détruire une si funeste prévention si vivement répandue que par l'obtention de quelques bons résultats. Aussi crus-je devoir garder le silence et redoubler d'efforts et de persévérance afin de hâter l'obtention de ces résultats qui devaient trancher d'autorité et couper court à toutes objections contraires.

Ainsi fut ma résolution. Mais je n'y restai pas longtemps avant de remarquer que ma persévérance et le silence que j'avais cru prudent de garder à l'égard d'une opinion aussi majeure, avaient donné lieu et bonne prise à la critique ou mieux à une calomnie dont je fus et suis peut être encore l'objet et dont j'ignore jusqu'à quel point j'ai été la victime).

D'abord ce silence que j'avais cru devoir garder fut considéré par les auteurs de cette critique ou de cette calomnie comme un espèce de mépris de ma part, et ma persévérance comme une opiniâtreté soutenue par la plus vaine présomption, ce ne pouvait être, ajoutaient ces mêmes auteurs qu'une sotte gloire ou plutôt l'orgueil d'être propriétaire d'une grande pièce de terre, qui avait pu me déterminer à en faire aussi machinalement acquisition que je l'avais faite.

Attendu que d'une part j'étais étranger à la localité (1) et que par conséquent dans l'impossibilité de connaître la nature et la disposition de cette pièce de terre, ensuite parce que la contrée où elle était située était habitée par divers individus : qui disait-on la connaissait mieux, et qui mieux que moi aurait été à même de l'acheter et d'en tirer parti s'il eut été possible de le faire.

Enfin une foule de propos de ce genre furent tenus sur mon compte lors de mon établissement agricole, sans avoir jamais donné lieu et sans aucunement les avoir mérité.

Ainsi donc en venant m'y fixer dans le but d'y faire produire une pièce de terre d'une contenance assez grande qui y restait inculte, bien certainement qu'outre mes autres intentions j'avais aussi celle de faire augmenter ces produits manquants.

---

(1) Dans bien des villages sont considérés comme étrangers tous ceux qui n'y sont pas nés.

Enconséquence avec cette disposition de ma part, qui devait être bien comprise, loin de m'attendre à être l'objet d'un blâme et de rencontrer une multitude d'entraves plus malicieusement inventées les unes que les autres, j'avais au contraire tout lieu d'espérer que mon établissement serait pris en bonne considération.

La seule question que chacun pouvait se faire c'était de se demander et à moi aussi, comment pouvait il se faire qu'une pièce de terre d'environ quarante hectares et selon moi susceptible d'un bon produit restait inculte surtout dans une contrée où les produits alimentaires ne suffisaient pas à la consommation, attendu qu'il était bien supposable que dans cette même contrée il existait des propriétaires qui étaient à belle portée, très à même de l'acheter, de la faire valoir, et qui pourtant ne le faisaient pas.

J'avoue franchement que cette question dont j'appréciais la portée m'aurait donné de l'inquiétude, si le peu d'expérience que j'avais acquis ne m'avait fournit le moyen de pouvoir la résoudre de la manière suivante.

Dans le cours de mes quelques voyages, j'avais eu plus d'une fois occasion de remarquer et de me convaincre que lorsqu'une contrée fournissait une ou plusieurs branches d'industrie autre que l'agriculture, cette dernière y était très souvent en retard et restait presque toujours dans un état d'une grande imperfection.

Or, comme la contrée dont il est question fournissait précisément ces diverses branches d'industrie et de commerce c'est par la même raison que l'importance de la culture y était peu comprise, Et quoi=qu'un assez grand nombre d'habitants y aient joui d'une certaine aisance, presque tous pour ne pas dire tout l'avaient acquise ensuite de chances ou de circonstances favorables ou enfin par un long espace de temps, pendant lequel ils s'étaient livrés au commerce, de telle sorte que l'agriculture était peu appréciée.

Je ne dis pas qu'une propriété en plein rapport serait restée aussi longtemps sans trouver un amateur, non sans doute, mais comme celle dont je faisais acquisition n'offrait que la place d'une bonne propriété et que le reste était à créer, c'est cette œuvre et uniquement cette œuvre qui avait de tout le monde éloigné l'idée d'en faire acquisition et qui l'avait fait rester dans cet état d'abandon, qui sous aucun autre motif lui avait mérité la déconsidération dont elle jouissait, sans pourtant lui ôter ni de ses dispositions ni de son mérite réel.

C'est sous ce point de vue que j'avais examiné la chose, et les résultats que j'ai obtenu, nonseulement prouvent que je ne me suis pas trompé, mais encore peuvent démontrer à la critique que je n'ai pas fait cette acquisition aussi machinalement qu'elle a bien voulu le dire.

Quant à l'opiniatreté présomptueuse dont elle accuse ma persévérance, je ne crois pas que dans ce cas elle puisse le faire autrement, quiconque chercherait à perfectionner ou à améliorer, serait accusé d'être présomptueux, surtout s'il ne décourageait à cette observation qu'on ne l'aurait pas attendu pour améliorer, si la chose eut été possible, de cette sorte les sciences, les arts, tout enfin, serait par ce système limité d'une manière invariable, Mais je suis loin de croire que les hommes censés, jugent la chose ainsi, j'aime mieux supposer en pareil cas que celui qui se livre avec dévouement et persévérance à l'amélioration de quoi que ce puisse être, soit pour son bien particulier, soit pour le bien général, tout ce qu'il peut faire de pis c'est de s'induire dans une erreur plus ou moins grande, ou dispendieuse, dont il est lui seul la victime, et loin d'être pour cela l'objet d'un blâme s'il ne mérite pas l'estime il est aumoins digne de l'intérêt public.

Maintenant, quant à la fausse gloire et à l'orgueil que la malveillance m'impute, je serais au désespoir si dans aucun cas et dans aucune circonstance on pouvait sans imposture me reprocher l'une ou l'autre.

Cependant il est possible qu'aux yeux de quelques personnes, j'ai paru mériter un reproche, celui d'avoir acquis une propriété avant d'avoir entre les mains les ressources nécessaires pour la payer.

Mais il me sera facile de m'en justifier surtout près d'un assez grand nombre de personnes qui j'aime à le croire voudront bien se rappeler, qu'après la sollicitation d'un certain nombre d'autres personnes à qui je ne pouvais dans cette circonstance refuser une entière confiance, et qu'après l'assurance certaine qu'elles me donnaient que la réunion des diverses gratifications qui me seraient accordées, me mettraient en mesure, non seulement de payer intégralement cette propriété, mais encore de monter un train de culture proportionné à son exploitation. On se rappellera également que ce ne fut qu'en dix huit cent trente quatre, bien longtemps après que j'eus fait mon acquisition, que ces ressources se réalisèrent.

Et bien certainement qui si la différence qu'il y eut entre leur produit réel et la somme sur laquelle j'avais cru devoir compter, m'avait été connue, je n'aurais jamais consenti à me placer dans une position aussi fausse que celle dans laquelle ce déficit me plaça, ni épouser une inquiétude aussi grande que celle qu'elle me causa dès l'instant même, ainsi qu'à toutes les personnes qui me portaient un véritable intérêt; pour combler mes inquiétudes et mon embarras, il survint en même temps un évènement aussi funeste qu'imprévu et dont les suites m'ont été trop funestes pour que je les passent sous silence; au nombre de mes bienfaiteurs il était un personnage d'une haute distinction, qui habitait Paris et n'avait jamais perdu une occasion de me prouver tout l'intérêt qu'il me portait.

La connaissance qu'il eut de ma situation pécuniaire lui fit concevoir pour mon avenir une assez grande inquiétude.

C'est pourquoi, en dix huit cent trente cinq, étant aux eaux de Contrexéville, il profita d'un de ses moments de loisir, pour venir s'assurer lui même si réellement l'inquiétude qu'il avait conçue pour moi était bien fondée, ce fut le Dimanche avant la Pentecôte, de dix huit cent trente cinq, que j'eus l'honneur d'être agréablement surpris par la visite de ce généreux personnage qui ne me cacha aucunement le sujet qui me procurait cet honneur, à mon tour je lui avouai franchement que si la chose était à recommencer je ne me trouverais pas dans une telle position.

Mais enfin lui dis-je le mal est fait, et je n'ai d'autres mesures à prendre que celles de m'en tirer le mieux et le plus promptement possible, seulement, lui ajoutais-je le mal ne serait pas sans remède si près de la pièce de terre que je me propose de mettre en produit il y avait une maison d'habitation et d'exploitation, mais à ce défaut je me vois exposé à perdre un temps considérable et précieux, par l'éloignement ou je suis de cette propriété.

Cette digne personne en venant me visiter n'avait d'autres intentions que celles de m'être utile, c'est pourquoi concevant l'importance et même la nécessité de l'établissement de la maison dont je lui parlai, elle me dit venez me voir Dimanche prochain à Contrexéville je vous présenterai à un personnage qui est aux eaux avec moi, ce personnage jouit d'une haute considération près du gouvernement et particulièrement près de la personne du Roi. Dans la circonstance ou vous vous trouver il peut vous être très utile et vous pourrez compter sur ses promesses.

Le Dimanche suivant je ne manquai pas de me trouver au rendez-vous et je fus présenté au personnage dont on m'avait parlé, et qui après m'avoir reçu de la manière la plus flatteuse et la plus bienveillante m'adressa sur ma position plusieurs questions aux quelles mon protecteur voulut bien répondre à peu-près en ces termes.

Grangé, lui dit-il a acheté une propriété qui selon sa contenance ne lui coute pas cher, à la vérité, néanmoins je crains bien qu'on ne l'ait décidé un peu trop tôt à en faire l'acquisition, attendu qu'entre son avoir et le prix qu'elle lui coûte il existe une différence de quatre à cinq mille francs, et que pour monter médiocrement son ménage et son train de culture, il est obligé de faire une dépense d'aumoins autant, ce qui va de suite lui occasionner un retard de payement de huit à dix mille francs.

J'admets que les personnes à qui il devra, ne le fasse pas rembourser, il n'en sera toujours pas moins tenu d'en payer les intérêts. Ce n'est pas le tout, outre les quatre ou cinq cents francs de rente annuelle, il est encore obligé d'acheter des grains et des fourrages pour se nourrir et entretenir ses bestiaux pendant aumoins deux ou trois années, avant de pouvoir compter sur les produits de sa propriété, vu l'état d'apauvrissement dans lequel elle se trouve; cet état de choses, tous les frais que je le vois obligé de faire et la différence qui existe entre son avoir et le prix de son acquisition; tout cela me donne bien lieu de craindre que par là, son avenir ne soit sensiblement compromis, et cette crainte me paroit d'autant mieux fondée que la chose la plus essentielle à sa culture manque à Grangé, c'est près de la propriété une maison d'exploitation qui lui est indispensable, attendu que la propriété est éloignée de deux kilomètres aumoins du village le plus rapproché, ce qui l'oblige à perdre un temps considérable et très précieux pour lui dans cette circonstance.

C'est pourquoi il voudrait solliciter du gouvernement un secours qui le mette à même de construire une maison près de sa propriété qui l'aiderait d'ailleurs à sortir de l'embarras ou il se trouve involontairement placé.

Ce personnage après avoir écouté avec bienveillance ces observations, y répondit en ce sens, sans doute Mr Grangé a des droits incontestables à la reconnaissance publique, et bien certainement qu'en récompensant le sacrifice et l'abandon généreux qu'il a fait en faveur de tous ses concitoyens, le gouvernement n'a eu ce me semble d'autres intentions que celles de le mettre au dessus du besoin.

Et la demande qu'il fait aujourd'hui me paraît ne devoir rencontrer aucun obstacle et me semble d'autant plus juste qu'il ne peut pas avoir contribué à se placer dans l'embarras où il se trouve dès à présent.

Ainsi donc continua-t-il qu'il construise et qu'il m'envoie une note des dépenses qu'il aura faites, je ferai en sorte de lui procurer une somme égale à celle qu'il aura dépensée.

Je remerciai ces deux personnages avec le sentiment de toute la reconnaissance dont j'étais capable, et après plusieurs autres paroles bienveillantes qu'ils eurent encore la bonté de m'adresser, je les quittais, d'autant plus satisfait que mon premier protecteur m'assurait que je pouvais compter sur la parole du dernier.

Aussi dès l'instant même je m'occupai du plan de construction et préparai tout pour le mettre à exécution l'année suivante.

En dix huit cent trente six, tout étant prêt et aussitôt que le temps le permit je marchandai et fis construire la plus grande partie de ma maison d'après le plan que je représente un peu plus loin, l'ouvrage étant fini, j'établis un arrêté des dépenses et me disposais à l'envoyer à la personne qui avait bien voulu me promettre des secours suffisants, mais qu'elle fut ma douleur lorsque dans ce moment même, j'appris que la maladie pour la quelle ce personnage était aux eaux de Contrexéville l'avait enlevé à sa famille par une mort toute prématurée.

Néanmoins je crus encore envoyer ma note à l'adresse qui m'avait été indiquée;

Mais soit que la personne entre les mains de laquelle elle tomba ne l'eut pas trouvée assez importante pour y répondre soit qu'elle ne fut pas parvenu à son adresse je n'en reçus aucune nouvelle.

Cependant ensuite de mon acquisition et par ma nouvelle dépense, ma position était devenue doublement critique sans que pourtant mes ressources aient augmentées en aucune manière, au contraire cette année de construction fut en quelque sorte une année de retard et perdue pour ma culture, ce qui augmenta d'autant plus mon embarras; dans ce moment j'eus occasion d'aller à Épinal, j'en profitai pour entretenir la société d'émulation de cette ville, de ma disgrâce et de la position doublement fausse où j'étais placé.

Cette société m'engagea a je consentis à aller à Paris elle voulut bien me recommander près de Monsieur le Ministre du commerce et de l'agriculture, je passai par Nancy où j'avais à prendre l'avis de la société centrale de cette ville, la quelle approuva ma démarche et eut encore la bonté de joindre sa recommandation à celle de la société d'Épinal.

Ainsi fort de ces divers recommandations, qui dans cette circonstance plus que jamais m'étaient très importantes.

Je me rendis à Paris, je m'adressai à mon premier protecteur, pour lequel je n'avais pas besoin de recommandations, j'étais sur de le trouver toujours disposé à m'être utile, aussi dès le lendemain il me conduisit au ministère du commerce et de l'agriculture, nous n'eûmes pas l'avantage d'y rencontrer Monsieur le Ministre, mais nous trouvâmes son secrétaire général, lequel nous reçut très agréablement, et me fit l'honneur de m'apprendre que j'étais un des premiers en tête de ceux que le gouvernement se disposait à encourager à l'occasion, ce qui l'autorisait nous dit il à nous assurer qu'il croyait bien que ma démarche ne serait pas infructueuse; nous remerciâmes beaucoup Mr le secrétaire général de son accueil et après nous partîmes.

En quittant le ministère, mon protecteur me dit, la bonne réception que vient de nous faire Mr le secrétaire général me donne lieu d'espérer que votre affaire ira bien, mais malgré cela il faut encore la suivre, mes affaires particulières ne m'en laissent pas trop le temps, c'est pourquoi si vous connaissiez un député qui veut s'en charger, vous feriez bien de le voir à ce sujet, il peut lui donner une prompte et heureuse suite, attendu qu'il a bien plus d'occasion que moi de voir le ministre.

Je lui en citai un qu'il reconnaissait, alors il me donna son adresse et une lettre pour lui, je me rendis chez cet honorable député qui se chargea d'autant plus volontiers de mes intérêts, qu'il me connaissait depuis longtemps et qu'il me portait lui même un véritable intérêt.

BIBLIOTHEQUE ROYALE

À la première séance il eut occasion de voir Monsieur le Ministre, il en profita pour lui parler de ce qui me concernoit; la demande qu'il fit en mon nom fut avantageusement accueillie, à cette différence pourtant qu'au lieu de m'accorder les dix mille francs portés dans ma note de dépense, Mr le Ministre, sous je ne sais qu'elle pretexte jugea à propos de ne m'en accorder que moitié.

Je les ai acceptés, me dit mon nouveau protecteur, sauf à solliciter un peu plus tard l'obtention des cinq autres, je le remerciais beaucoup de ces bonnes intentions et je lui dis que je tacherais de pouvoir m'en passer ayant à cœur de contribuer à l'amélioration de ma position par l'amélioration de ma propriété, ainsi finit notre entretien; Deux ou trois jours après, ce député voulut bien rappeler à Mr le Ministre la promesse qu'il lui avait faite en ma faveur, et le priant de l'effectuer le plutôt possible, afin de ne pas prolonger mon séjour à Paris, qui me devenoit très dispendieux.

Mais quelle fut sa surprise lorsque Mr le Ministre lui fit cette réponse.

J'avais en effet promis d'accorder un secours à Mr Grangé, mais depuis j'ai réfléchi et me suis rappelé qu'il avait acheté une propriété sur la quelle il se faisoit la plus grande illusion, et je sais de bonne part qu'elle est d'une nature tellement ingrate qu'il épuiseroit plutôt les trésors du gouvernement que de la mettre en bonne état de production.

En conséquence outre que je considère que ce seroit de l'argent perdu, je pense encore que ce seroit un mauvais service que de lui en accorder, et selon mon avis il vaudrait beaucoup mieux tacher de le tirer de l'erreur dans laquelle il est, et chercher à lui donner un emploi qui puisse le faire vivre un peu honnêtement

Qu'on juge l'embarras où me plaça le refus de Mr le Ministre, et cette embarras étoit d'autant plus pénible pour moi que je ne pouvais me justifier près de lui, ni détruire l'opinion qu'il avait de ma propriété, aussi bien que de moi que par des faits ou des bons résultats.

Or, ces faits ou ces résultats ne pouvaient pas encore être présentés, puisque d'abord en 1834 ma propriété n'était encore à ma disposition, et que si en 1835 et 1836, j'avais commencé à lui donner de soins, le manque de fourrage et d'engrais et le surcroît d'occupation que m'occasionnat alors ma construction, quelqu'ait été mes efforts ne me permettaient pas en mars 1837, de présenter un succès bien remarquable.

C'est pourquoi les dispositions dans les quelles je trouvai Mr le Ministre me chagrinèrent beaucoup, et m'inquiétaient d'autant plus mon bienfaiteur qu'il avait confiance en moi, et que d'après le détail que je lui avait fait de ma propriété tant sur son état naturel que sur son site il voyait clairement que Mr le Ministre avait été mal renseigné.

C'est pourquoi il insista fort près de lui sur la promesse qu'il lui avait faite pour moi, s'efforçant à le dissuader de l'opinion qu'on lui avait formé sur mon avenir.

Enfin ses instances obtinrent deux mille francs, mais pour les obtenir je fus obligé de rester vingt-deux jours à Paris, en sorte que mon séjour dans cette ville, mes frais de voyages et le salaire que je payai à un homme qui dut pendant mon absence travailler à ma culture, réduisirent à 1600 francs les Deux mille francs que Monsieur le Ministre avait bien voulu m'accorder.

Seize cents francs pour faire face à une dépense d'environ Dix mille francs que j'avais faite en construction étoit certainement bien peu de chose, aussi ce secours atténua-t-il peu l'embarras de ma position.

Cependant je payai les plus pressés et pris des arrangements, avec les autres, afin d'obtenir un délai de payement.

Mais tout en l'obtenant je ne m'attirai pas moins une certaine déconsidération, que selon toute apparence je méritais, attendu qu'on devait penser que me trouvant déjà en retard d'une somme assez forte sur le prix de mon acquisition, connaissant mes ressources et ma situation, je n'aurais pas dû m'engager dans une dépense aussi forte, sachant d'ailleurs que je ne pouvais y faire face, car l'assurance que je donnais qu'il m'avait été promis des fonds pour ma construction et qu'ils m'avaient manqués me paraît être de ma part un stratagème bien blâmable. Et dès lors la confiance en mon crédit et mon avenir en souffrit beaucoup.

Il y a un vieux proverbe qui nous dit qu'un accident arrive rarement seul et ma malheureuse expérience ne m'a que trop démontré qu'il n'étoit pas faux;

Il avais échoué près du ministère et tout me portait à croire que j'avais reçu du Gouvernement tout ce que j'avais à espérer, enconséquence je devais prendre mes précautions pour pouvoir me suffir à moi même.

Pour y parvenir j'avais acheté un petit troupeau de brebis mères, des vaches et une jument poulinière, dans le but de multiplier mes animaux sans qu'il m'en coûte, au fur et à mesure que mes fourrages seraient en progrès et dans le but d'augmenter ainsi mon engrais afin de pouvoir faire suivre mes produits agricoles dans les mêmes proportions.

J'y serais encore aisément parvenu, car il ne me fallait que du temps et du fumier, alors tout était certain.

Mais le destin en décida autrement, un certificat délivré par le vétérinaire Planté, et que j'ai annexé au présent mémoire dans l'intention de constater ma véracité, prouve que j'ai fait successivement dans l'espace de plusieurs années une perte considérable d'animaux de prix. (I)

Toutes ces pertes d'animaux ne durent pas peu contribuer à retarder l'amélioration de ma propriété, & je dus être sensible à toutes, mais celle du 22 avril me fut la plus pénible et les suites m'en ont été si funestes et si douloureuses que je ne puis me dispenser de les faire connaître.

En 1838, j'étais encore loin de pouvoir posséder des bêtes de relai pour mon attelage de charrue et cependant la mortalité m'en enleva cette année un tiers, cette perte m'embarrassa d'autant plus que je ne pouvais la remplacer; et depuis que j'avais bâti sans pouvoir payer, je ne savais que trop que ma confiance et mon crédit étaient suffisamment perdus pour ne plus espérer trouver à emprunter par simple billet les quatre ou cinq cents francs dont j'avais besoin, aussi j'y renonçai.

Mais il me restait une ressource précieuse et sacrée à laquelle je n'avais jamais osé songer, c'était mes médailles qui étaient au nombre de seize, dont huit en or, sept en argent et une en bronze; quoique c'était une propriété, m'en défaire, n'était pas mon intention, c'eût été très mal et je me serais blâmé moi même si j'en avais eu la pensée, mais m'en servir ne me paraissait pas devoir m'attirer trop de blâme, cependant j'hésitais.

Mais l'ouvrage pressait et la nécessité me fit prendre ce parti, je pris donc mes médailles et je m'en allais tremblant et plus honteux qu'un criminel, me présenter chez les personnes que je pouvais être à même de me prêter les quatre ou cinq cents francs dont j'avais besoin en offrant de laisser pour caution les objets dont j'étais porteur...

Eh bien que dirai-je, et peut-on croire que je parcourus tout Montureux, les villages d'alentour étant

---

(I) Je soussigné, Pierre Alexis Planté, médecin vétérinaire résidant à Lamarche (vosges) certifie que le Sr Jean Joseph Grangé, propriétaire cultivateur, à la ferme de Bignovre, commune de Montureux-sur-Saône, arrondissement de Mirecourt, département des vosges, a éprouvé de grandes pertes, tant par le traitement d'animaux malades, que par le grand nombre d'animaux succombés à la suite de traitements en vain prodigués, le tout dans l'espace de quatre années et sans qu'il n'y ait eu aucune faute ni négligence de la part du propriétaire; cinquante trois animaux sont morts, savoir:

1° Un cheval hongre, sous poil gris de chenevis, taille moyenne, âgé de quatre ans, estimé à 350 francs, mort dans le courant d'octobre 1837, à la suite d'une hernie inguinale étranglée.

2° Une jument de trait, taille moyenne, sous poil bai cerise, marquée en tête, âgée de 12 ans, estimée à 450 francs, morte avec son poulin dans les douleurs du poulinage le 22 avril 1838.

3° Une jument de trait forte taille, sous poil aubert, marquée en tête, âgée de 10 ans, estimée 500 francs, morte à la suite d'une tumeur grangréneuses au poitrail, le 7 mai 1840.

4° Cinquante bêtes à laine de race Wurtembergeoise, métissée mérinos, forte taille, tant moutons que brebis et agneaux, sont morts malgré les soins les mieux dirigés, à la suite des maladies du pietin, du sang de rate, de la pourriture, pendant l'espace des années 1839, 1840 et 1841, perte évaluée de 1200 à 1500 francs; dont la perte totale s'élève à la somme de 2500 à 2800 francs que je certifie sincère et véritable.

En foi de quoi j'ai délivré ce présent certificat pour servir et valoir ce que de droit.

Lamarche, le 3 Juillet 1841.

Signé Planté

partie de la ville de Dorney et qu'après avoir passé trois jours consécutifs à cette recherche je fus contraint de m'en revenir sans avoir pu trouver une âme assez compatissante pour me prêter une somme de quatre à cinq cents francs, lors même que je laissais pour garantir des objets qu'avec un peu d'aisance je n'aurais pas cédés pour dix mille francs ; que l'on juge quels durent être mon trouble et ma peine.

C'est alors que je sentis toute la force et toute l'étendue du pouvoir de la critique et de la calomnie.

C'est alors seulement que je connus à quel degré ma confiance et mon crédit étaient perdus dans l'esprit public.

C'est alors enfin que je me reportai au temps où je disais avec raison, qu'après avoir fait une réflexion un peu sérieuse sur l'état d'agriculture, et qu'après avoir remarqué que son entrée était bordée d'obstacles et d'inconvénients préjudiciables à tout le monde, j'avais conçu cette idée fatale, d'établir un système de charrue à l'effet de faire disparaître ou d'appauvrir ces inconvénients et ces obstacles.

C'est alors encore plus que jamais, que je reconnaissais le fatalisme de cette idée qui m'avait conduit successivement vers cette foule de circonstances plus douloureuses les unes que les autres et qui m'avait créé cette carrière si remplie d'écueils, de soucis, de tracas et d'inquiétudes de toute nature, dont dans ce moment j'en ressentais les plus pénibles conséquences ; dans ce moment même où je revenais de faire un voyage infructueux, la poitrine ornée du signe de l'honneur et les mains pleines d'autres titres de distinction.

Je me voyais donc au milieu d'un monde à qui je n'avais fait aucun mal, discrédité, répudié et abandonné comme le dernier des vivants.

La scène suivante fut encore de nature à me faire déplorer ma destinée ; après une vaine recherche de trois jours je fus obligé de m'en revenir triste et revenu ; cependant l'ouvrage pressait et il fallait de toute nécessité remplacer la perte que j'avais faite, ou bien laisser l'ouvrage.

Une petite et dernière ressource me restait encore, je dus essayer d'en user.

Nous avions de concert avec mes frères et sœurs, vendu le patrimoine qui nous avenait et pour faciliter cette vente nous avions accordé quatre ans de crédit, la portion m'avenant se montant à 500 francs, j'eus la pensée de proposer à quelqu'un d'accepter ma créance et m'en remettre le montant, je connaissais justement dans le voisinage du lieu de la vente un individu fort riche qui depuis 1833 affectait de partager mes succès et mon bonheur et qui du moins en plusieurs occasions avait essayé de me le persuader. Dans la circonstance où je me trouvais, je crus donc devoir m'adresser à lui de préférence à tout autre et le prier de vouloir bien accepter ma créance et m'en remettre le montant.

Je ne lui cachai rien des motifs qui me forçaient à lui faire cette prière et je fis ressortir l'importance du service qu'il me rendrait en acceptant ma proposition, alors au récit sincère de mon embarras cette personne sembla tressaillir de joie et me fit alors connaître toute la dureté de son cœur et toute la noirceur de son âme, je vis qu'elle n'avait jamais eu pour moi qu'un attachement affecté ou plutôt le dirai-je une affection de crocodile car après m'avoir témoigné en plusieurs reprises en paroles des sentiments d'affection et d'intérêt, non seulement elle me refusa d'emblée le léger service que je lui demandais, mais encore dans la crainte que dans le voisinage il y eut quelques personnes disposées à me le rendre, il y dépêcha un individu qu'il avait formé à son caractère pour me discréditer et dire à qui voulait l'entendre que j'étais un homme perdu, que son Monsieur avait toujours bien dit que je ne ferais jamais rien, que je devais à tout le monde et que dans bien peu de temps je serais traîné en prison pour mes dettes, enfin que j'étais dans un pressant besoin d'argent et que je n'en pouvais pas trouver, que je leur en avais demandé, qu'il en avait lui et son Monsieur, mais que ce n'était pas pour moi, et il avait ce bon valet autant de grandeur d'âme que son maître, car comme lui il paraissait tressaillir de joie en s'entretenant de mon embarras et de mes peines.

Ces deux scènes successives dont j'ai été le principal et malheureux acteur me donnèrent une telle idée du caractère de l'espèce humaine que si dans le cours de ma jeune existence, je n'avais eu l'avantage de rencontrer des âmes bienveillantes humaines et compatissantes, j'aurais regretté toute ma vie oserais-je le dire d'appartenir à une classe d'êtres aussi barbares.

Je ne connais qu'un motif qu'ait pu provoquer contre moi une critique aussi amère.

Ce motif est d'autant plus facile à faire comprendre qu'il m'est facile à moi-même de l'expliquer.

La plupart des auteurs de cette critique connaissaient très parfaitement la condition dans laquelle je suis né, et savaient de même que dès l'âge de 8 à 9 ans cette condition m'avait forcé à aller traîner la boue, heurter les pierres et les mottes à travers les champs, chassant des bêtes attelées devant une charrue, et qu'ensuite j'avais été obligé de me livrer successivement à toutes sortes de travaux commandés par l'agriculture, jusqu'en 1829, année où mon père est mort; mais qu'alors j'étais entré dans l'état de domesticité dans lequel j'étais resté jusqu'en 1832.

De plus en 1832 ces mêmes auteurs savaient de bonne part que depuis plusieurs années j'avais engagé le peu de patrimoine qui m'avenait de mes parens et que cette ressource ainsi que mes faibles gâges avaient été dissipés pour réaliser ce qu'ils appelaient la sotte (et moi j'appelle la malheureuse) idée que j'avais conçue d'appliquer un nouveau système aux charrues à avant-trains ordinaires du pays et ce qui nonseulement m'avoit démué de toutes ressources, mais encore m'avoit privé de tout espèce de confiance.

En effet en 1832 j'avais tout consacré à l'établissement de mon système et même j'étois en retard de cent francs.

Mais en revanche j'avais déjà obtenu quelques bons résultats dans l'application de ce système, ainsi qu'il est démontré par les expériences qui en furent faites au mois de Juin et Juillet de cette année, par la société d'Emulation des Vosges, qui en dressa un procès-verbal et m'en délivra un extrait peu de temps après.

Mais ces résultats n'étaient pas assez satisfaisants pour attirer l'attention publique et d'importantes modifications devoient y être apportées. c'est pourquoi les personnes qui avaient prédit mon insuccès et prophétisé mon avenir ne lâchèrent pas encore prise.

La charrue à mon système primitif était déposée au musée départemental, et pourtant je ne pouvais apporter ces importantes modifications dans l'application de ce système qu'en le mettant en usage et en pratique afin de pouvoir l'examiner, en connaître les défauts et ensuite les corriger, pour cela faire il était donc de toute nécessité de le réappliquer à un autre charrue à avant-train, mais dans la situation où je me trouvais alors ne me permettait pas de le faire à mon propre compte et encore moins d'espérer pouvoir trouver dans le voisinage quelqu'un pour me seconder.

C'est pourquoi je résolus de m'éloigner et d'aller au loin chez des étrangers chercher la confiance que l'on me refusoit aux environs et dans mon lieu natal.

Et c'est à cet effet que le 8 août 1832, je quittai mon village, suivant le premier chemin qui se présentai sans savoir où il me conduirait, n'ayant pour toute ressource que quarante sous dans ma poche et pour recommandation que ma timidité et ma franchise, ainsi je cheminais et je traversais les villages sans oser m'y arrêter craignant qu'ils ne fussent habités par des personnes du caractère de celui d'où je sortais; cependant mon argent diminuait ou plutôt était absorbé, il fallut bien prendre mon parti, je me dirigeai vers une grande ferme j'y entrai et demandai à y être occupé non pas comme faiseur de charrue mais comme ouvrier des champs; la saison était encore bonne, c'est pourquoi le propriétaire voulut bien me recevoir en cette qualité.

Mais ensuite de diverses questions et entretiens que nous eûmes ensemble, je hasardai de lui déclarer le véritable sujet de mon voyage sans lui déguiser en rien les circonstances et les motifs qui m'obligeaient à m'éloigner.

Il en parut vivement touché et soit compassion, curiosité ou confiance en moi, il me pria de me mettre en devoir de suite et de lui faire voir disait-il mon savoir faire, et dès le lendemain les meilleurs charron et maréchal furent à ma disposition.

Ces deux derniers se prêtèrent à la circonstance avec la meilleure volonté la meilleure grace du monde et avec nos soins et précautions réciproques nous parvinmes à appliquer convenablement notre système à une vieille charrue qui fonctionna à la perfection et à la satisfaction de nous tous, ce fut de ce propriétaire que j'obtins le premier des neuf certificats qui me furent pareillement délivrés en trente deux et qui en trente trois furent présentés à Mr le Ministre du commerce et de l'agriculture.

Comme aucun de ces neuf certificats qui m'avaient été délivrés en voyageant de village en village et de ferme en ferme n'avaient été publiés en trente deux, les auteurs de ma propriété du huit août ou d'un temps antérieur n'avaient rien changé de leur opinion à mon égard.

Mais en trente trois lorsque plusieurs savantes importantes et savantes, lorsque les académies approuvèrent et publièrent mes idées, il fallut se rendre à l'évidence et convenir que je n'avais pas en tort les tester.

Depuis que j'avais quitté mon lieu natal, je n'y étais pas rentré, cependant j'avais un vif désir d'y retourner, tant il est vrai de dire que l'on aime à se rapprocher de ses premières affections et de respirer l'air de la contrée où l'on a reçu le jour.

En trente quatre, j'y revins, mes quarante sous avaient fructifié et mon système avait parfaitement rétabli le désordre qu'il avait causé à mon crédit, à ma confiance et à la considération, j'avais tout lieu de croire que j'y serais bien reçu.

En effet je trouvai toutes les figures changées en ma faveur, des marques de satisfaction me furent données et même des excuses pour les mauvais traitements que j'avais reçu me furent prodiguées.

Je reçus les uns avec reconnaissance et pardonnai aux autres d'un bon cœur en ajoutant que j'avais toujours considéré que c'était l'intérêt que l'on me portait et la douleur que l'on éprouvait de voir mon avenir compromis qui avait fait agir de la sorte, on m'assura de cette vérité, alors tout fut oublié et dans mon lieu natal comme ailleurs, je reçus les mêmes félicitations.

Mais si parmi les personnes qui me félicitaient en tout lieu, la plupart étaient vraiment sincères, bon nombre d'autres feignaient une satisfaction qu'ils n'éprouvaient point.

Dans leur cœur germait au contraire un sentiment d'envie que développaient de plus en plus mes succès et qui devaient éclater à la première occasion.

Cette occasion se présenta précisément lors de l'exposition des produits de l'industrie française en dix huit cent trente quatre, je n'y ai pas conduit ma charrue à système Grangé, néanmoins vingt charrues à ce même système y figuraient.

Et le Jury central le saisit, et m'en récompensa en m'accordant la médaille d'or; de plus après le rapport aussi satisfaisant qu'honorable pour moi qu'en fit Monsieur le Baron Charles Dupin, vice président du Jury central, et aussi d'après la proposition que lui fit Monsieur le Ministre du commerce et de l'agriculture d'alors le Roi, voulant décorer la veste de travail de cette classe ouvrière des champs et voulant honorer les laboureurs et récompenser la charrue, me choisit à cet effet et m'accorda la croix de la légion d'honneur.

Ce dernier signe d'honneur ne fut pas une étincelle mais un brasier qui exalta la jalousie et bientôt cette dernière enfanta la calomnie; ces deux passions si funestes aux hommes, si insatiables, quelque soit le nombre de leurs victimes, unirent leurs efforts et jurèrent ma perte; pour atteindre leur but, elles profitèrent du témoignage de distinction que je venais de recevoir, car la décoration que je portais au lieu d'être agréable à la classe ouvrière champêtre qu'elle honorait aussi bien que moi, fut à la plupart d'entre eux tout à fait indifférente, et jetait aux yeux des autres un reflet et un éclat qu'ils cherchaient à ternir par la calomnie, parce que leur cœur jaloux ne pouvait le supporter.

C'est ainsi que pendant l'espace de neuf années j'ai lutté contre cet écueil de la vie et contre cet ouragan qui sans cesse menaçait de m'envahir et de me détruire.

Je ne dis pas que ma lutte a été triomphante et qu'elle m'a mis hors de danger, tant s'en faut, au contraire; mais aumoins j'ai la satisfaction de voir qu'elle s'est soutenue avec quelques succès.

Cependant une telle résistance doit fatiguer et je dois aussi craindre que l'intrigant calomniateur n'atteigne son but en profitant même du silencieux mépris de celui qu'il détracte.

C'est pourquoi je préfère aujourd'hui capituler avec lui et même lui céder le pas, car bientôt il pourra aussi bien que le public, savoir que décidemment je suis disposé à vendre ma ferme et qu'à dater de ce jour les amateurs peuvent venir examiner le produit et les dispositions de cette ferme jusqu'au vingt cinq octobre prochain immédiatement après toutes les récoltes.

Je saisirai cette occasion pour faire quelques détails sur cette propriété; elle est située à l'ouest nord de la commune de Montureux-sur-Saône, chef lieu du canton de ce nom et dont elle est dépendante. Ainsi que je l'ai fait remarquer, elle est d'une contenance d'environ 40 hectares placée sur un site légèrement incliné vers le sud-ouest, située entre deux monticules; son extrémité supérieure est au nord, versant au midi, longeant un petit ruisseau qui y prend sa principale source sur une longueur de 1600 mètres environ et sur une largeur de trois centimètres seulement du levant au couchant.

La partie supérieure de cette propriété est sur la rive gauche du ruisseau et la partie inférieure sur la rive droite; ces deux parties ont par cette disposition deux pentes opposées, c'est-à-dire que la partie à droite du ruisseau, à son sommet à l'ouest et versa à l'est, tandis que la partie à gauche à sa pente contraire et c'est dans cette dernière que j'ai construit.

Je ferai remarquer que lorsque je fis acquisition de cette propriété il n'était pas possible d'y récolter assez de fourrage pour nourrir une vache seulement, aujourd'hui et pas plutard que cette année je suis à même de récolter 100,000 kilogrammes de foin: je ne dirai pas que tout est de première qualité mais ce que je puis dire ainsi que l'on peut s'en assurer c'est que l'embonpoint dans lequel se maintiennent les animaux qui entrent dans mon écurie ne m'a jamais fait désirer qu'il fut beaucoup meilleur et si quelques parties de la prairie que j'ai créée laissent encore apercevoir quelques différences dans la qualité, il y a lieu d'espérer que cette qualité sera bientôt uniforme, attendu que les eaux pluviales qui découlent d'une douzaine de cent jours de bonnes terres qui dominent ma prairie en arrosant sans obstacle sa surface y déposent les limons qu'elles charrient avec elles.

Un autre avantage non moins appréciable que ce premier pour cette petite prairie, c'est qu'elle peut être arrosée à volonté par les eaux d'un ruisseau intarissable qui part de son sommet, et ainsi par l'inclinaison du terrain on peut à l'aide d'un seul coup d'empalement inonder entièrement cette propriété comme aussi la tenir à sec.

Quant aux terres labourables il n'est pas nécessaire que j'en fasse un grand détail.

Si le propriétaire à les moyens nécessaires ou l'idée de consommer tous les fourrages que la prairie est susceptible de produire il pourra aisément nourrir 25 à 30 têtes de gros bétail, sans être obligé de les envoyer aucunement à la pâture, en sorte que ce nombre de bestiaux bien nourrit et bien allitéris le mettront très à même de se créer au moins deux cent cinquante voitures de bon fumier, pesant chacune quinze cent kilogrammes et cette masse de fumier reparti annuellement sur une surface de 20 hectares environ ne peut pas manquer de lui faire obtenir les plus belles et les plus abondantes récoltes.

La couche végétale de cette terre est d'une épaisseur de 15 à 20 centimètres, très facile à cultiver; trois moyens chevaux peuvent le faire sur une profondeur de douze centimètres et plus.

Maintenant quant à ma construction si des circonstances ne m'avaient forcé à l'abandonner, mon intention était de l'établir et de la distribuer selon le plan que je représente, mais je n'ai pu établir que ce qui est numéroté. Voici la destination de chaque pièce:

Le n° 1 est la porte de cour ou d'entrée couverte et qui fait corps avec la maison, le n° 2 est la cour, le n° 3 est une écurie provisoire qui plutard doit servir pour loger le bois et autres matériaux, le n° 4 est la cuisine; le n° 5 est le poële, le n° 6 est une chambre à coucher, le n° 7 est un vestibule qui communique du jardin à la cour et aux chambres, le n° 8 est une seconde chambre servant à coucher les ouvriers pendant tout le temps que durent les ouvrages, le n° 9 est une chambre à four provisoire, le n° 10 est un volailler aussi provisoire, le n° 11 sont des réduits à porcs également provisoires, le n° 12 est la fontaine, le n° 13 est un hallier destiné à remiser les voitures et les ustensiles d'exploitation, mais qui actuellement sert d'engrangement en attendant que ce dernier soit établi, le n° 14 est un rucher garni d'abeilles, le n° 15 est un réservoir, enfin le n° 16 est un mur qui ferme la cour en attendant que l'engrangement le remplace.

Au-dessous et au-dessus des n° 5, 6, 7 et 8, il existe des belles caves et des beaux greniers à grains, de sorte qu'il ne reste plus à construire que l'engrangement, qui dans ce moment est d'autant plus nécessaire qu'il est important, que le propriétaire loge toutes les denrées et plus important encore qu'il nourrisse un assez grand nombre de bétail pour le consommer.

Pour rendre au propriétaire de ma ferme le séjour champêtre plus supportable, j'ai cherché autant que possible à réunir l'agréable à l'utile.

C'est pourquoi j'ai placé les appartements au midi de là le coup d'œil franchit un jardin potager que l'on peut rendre plus ou moins agréable puis une vigne qui se trouve à l'extrémité ensuite la campagne bornée par l'horizon.

Pour distraire ou pour varier ce coup d'œil, j'ai fait planter de chaque côté du jardin et de la vigne environ trois cent pieds d'arbres fruitiers de toute espèce que j'ai fait greffer des meilleurs fruits que je connaisse dont un grand nombre sont déjà en rapport depuis j'ai fait planter une multitude de saules de peupliers de frênes et d'ormes, le long des fossés et du ruisseau pour plus tard orner la ferme et par leur étayage produire du bois.

En outre un amateur un peu industriel y rencontrait plusieurs avantages en faisant acquisition de ma ferme, le premier consiste dans la possibilité de réunir toutes les eaux du ruisseau et de pouvoir les amener près de la maison pour les conduire ensuite au lit ordinaire du ruisseau un contrebas d'au moins 3 mètres, ce sont d'eau intarissable d'ailleurs pourrait offrir une force de quatre chevaux et mettrait le propriétaire très à même d'établir une usine soit pour moulin soit pour huilerie, l'on sait combien l'un et l'autre conviennent à une exploitation agricole un peu suivie, le second avantage serait dans l'emploi ou le parti que l'on peut tirer d'une tourbière de 1ère qualité que j'ai découvert en faisant creuser des fossés d'assainissement dans une portion des terres qui avoisinent ma maison

Cette tourbière s'étend sur une superficie d'environ deux hectares et demi de terrain à une profondeur de 40 à 50 centimètres, la couche de terre qui la couvre est d'un premier produit c'est dans cette terre que j'ai récolté du chanvre qui avait 3 mètres, 50 centimètres de hauteur, un chou pesant 17 kilogrammes, une betterave et un navet de 5 kilog. chacun, enfin une carotte de 50 centimètres de long sur une grosseur proportionnée, toute autre espèce de légume peut y être cultivé avec le même avantage cependant dans le principe l'acquisition que je fis de ces terres ne contribua pas peu à me mériter le blâme et a exciter la risée publique, attendu que depuis très longtemps elles étaient complètement perverties par une quantité de sourcilles qui sortaient tout au travers, ce qui faisait que l'on en tenait aucun cas et que l'on considérait surtout comme chose impossible de pouvoir les amener à un bon état de production.

Mais avec un tant soit peu d'expérience je savais apprécier le mérite de cette espèce de terre je savais qu'il ne fallait que les assainir et je voyais qu'il était facile de le faire par la pente qu'il y avait de 8 à 10 centimètres par mètre c'est pourquoi je n'hésitai pas de les acheter d'autant plus qu'elles m'étaient nécessaires pour placer convenablement ma maison.

Et je n'ai pas lieu de regretter l'avoir fait puisque non seulement par l'assainissement que j'ai opéré j'ai obtenu de ce terrain tout le résultat que j'en attendais mais encore j'ai découvert une tourbière qui sera toujours d'une grande ressource pour le propriétaire de la ferme, surtout si celui-ci s'adonne à cultiver les légumes qui sont si importants pour augmenter et pour qualifier la nourriture des bestiaux.

En effet tout le monde sait apprécier l'avantage de faire cuire les légumes avant de les faire manger aux animaux, et chacun connaît les dangers auxquels on est exposé en les faisant manger non cuits Il est facile de comprendre que ce ne sont d'une part que ces dangers auxquels on est exposé et de l'autre la rareté ou la cherté du bois qui ôtent à une grande partie des laboureurs l'idée de cultiver les légumes pour en nourrir leurs bestiaux).

Un 3me avantage que je considère comme également précieux et important dans ma ferme, c'est l'emploi que l'on peut faire de la tourbe comme engrais, ainsi que je l'ai fait jusqu'à présent, et d'après les expériences que j'ai faites à plusieurs reprises et qui ont fini par être couronnées d'un succès complet, je puis assurer que les laboureurs peuvent dans l'occasion appliquer avec avantage à certaines terres ce système d'engrais proposé convenablement.

Je serai toujours heureux de leur dire ce que j'ai pu faire et obtenir dans mes essais d'amélio-rations agricoles;

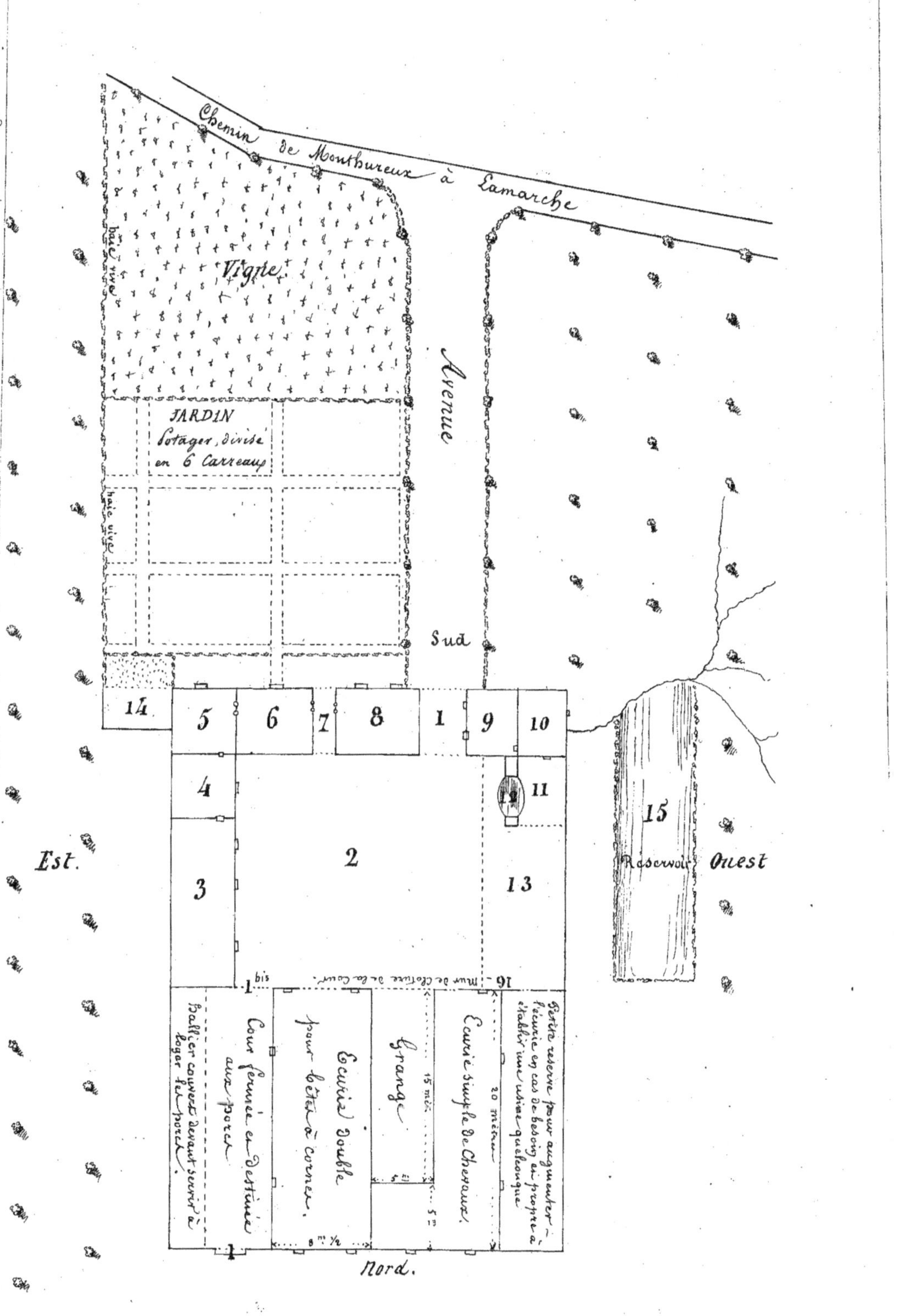

Chemin de Monthureux à Lamarche
Vigne
JARDIN Potager, divisé en 6 Carreaux
haie vive
haie vive
Avenue
Sud
Est.
Ouest
Nord.
Réservoir
14
5
6
7
8
1
9
10
11
4
2
3
13
15
1 bis
16 — Mur de clôture de la cour
20 mètres
15 mè
5 m
8 m ½
Bâtiment couvert devant servir à loger les porcs.
Cour fermée en destinée aux porcs
Écurie double pour bêtes à cornes.
Grange
Écurie simple de Chevaux.
Peut-être réservé pour augmenter l'écurie en cas de besoin, ou propre à établir une usine quelconque

Observations sur les Engrais.

D'abord, la lecture de quelques ouvrages d'agriculture m'avaient signalé les bons effets de la tourbe employée comme engrais ; mais en 1836, un amateur agriculteur vint visiter ma propriété ; ma tourbière était récemment découverte et cet amateur après m'avoir assuré qu'elle était de bonne qualité, m'engagea fort à l'employer comme engrais, m'assurant qu'il en avait obtenu lui-même en pareil cas d'excellents effets, qui consistaient surtout à détruire les mauvaises herbes et à favoriser la végétation des bonnes herbes des prés. De tels effets devaient être précieux pour le sol auquel j'avais à faire, je me mis donc de suite en mesure de réaliser cet essai.

Selon l'avis de cet agronome, je fis une couche de tourbe d'environ 28 centimètres d'épaisseur, ensuite je la couvris d'une autre couche d'égale épaisseur de terre glaise en motte, je supperposai ainsi deux ou trois de ces deux matières ; après cette opération, je mis la tourbe en combustion et selon l'avis du même agronome, la tourbe étant consumée la terre devait être cuite ou calcinée, conséquemment facile à se pulvériser et à se mélanger, mais en y procédant j'y trouvai une grande quantité de crasse que néanmoins je repassai en tamisant ; le reste fut ensuite répandu sur un pré ; bientôt j'en remarquai les bons effets, car j'eus la même année une excellente récolte, j'ajouterai que depuis ce temps l'effet de cet engrais est resté très sensible : Ce succès m'étonna en même temps qu'il me donna beaucoup de satisfaction, car à l'aide de ce moyen je pouvais facilement et à peu de frais améliorer ma propriété.

Cependant malgré les avantages que je tirai de mon expérience, il me sembla possible de les augmenter encore en modifiant la préparation, car j'avais remarqué que la terre glaise se durcissait en partie par la cuisson et formait une crasse indissoluble ressemblant à un morceau de tuile ou de poterie et qu'alors elle devenait impropre à remplir mon but.

J'essayai une seconde préparation avec de la terre argilo-siliceuse, j'obtins à peu près le même résultat, mais je remarquai que la terre siliceuse semblait se vitrifier par la cuisson et n'offrait pas moins d'inconvéniens que l'argile : alors ces inconvéniens m'ayant paru rendre l'engrais résultant de cette préparation un peu plus dispendieuse que je ne m'y étais attendu d'abord, je résolus de n'en faire usage que très modérément par la suite.

Mais pendant l'hyver de 1838 à 1839 en creusant un réservoir dont les terres m'étaient nécessaires, je rencontrai une terre à un mètre de profondeur qui au mois de mars suivant s'était pulvérisée à l'influence de l'air ; cette circonstance me fit supposer que cette terre était de nature marneuse ou calcaire et sa nature divisible me fit penser qu'elle pourrait être plus propre à seconder l'action de la tourbe et qu'elle se calcinerait peut-être mieux par la cuisson que la terre argileuse et siliceuse, je me décidai à l'essayer encore une fois, mais au lieu de l'employer fraîche et en mottes, tel qu'il me l'avait été conseillé d'abord, je pensai qu'il devait être plus avantageux de la faire sèche et de la concasser avec la tête de la pioche ou un autre instrument et disposai ainsi en couche la terre et la tourbe comme il a été indiqué plus haut, je mis de même la tourbe en combustion et celle-ci étant consumée, j'en retirai une matière nette de crasse, bien cuite et bien calcinée, je la répandis sur un pré et sur un champ, j'en obtins un très bon résultat, depuis je n'ai cessé d'y recourir chaque année avec les mêmes avantages.

Encouragé par ces succès et désirant propager dans ma contrée l'emploi de cet engrais précieux, je le recommandai et je l'offre à un prix bien modique aux cultivateurs du voisinage, je les engageai même à n'en faire que l'essai.

Mais les obstacles de la routine et de l'incrédulité ne réussissent que trop souvent à retarder l'importation d'un nouveau moyen quelqu'avantageux qu'il puisse être lorsque celui-ci n'est pas parfaitement compris ; en effet soit que les incrédules aient douté de l'exactitude des faits rapportés, soit qu'ils aient pensé que je me faisais illusion, l'engrais de tourbe proposé fut dénigré et considéré comme ne contenant aucun sel nutritif propre à la végétation, ces préventions ne m'empêchèrent pourtant pas de poursuivre mes essais.

On sait que l'emploi de la cendre lessivée comme engrais est très répandu dans certaines parties des Vosges, notamment aux environs de Bains; cette substance jouit à juste titre dans cette contrée d'une grande confiance, aussi les Cultivateurs quittent-ils dès le mois de Mars leurs villages pour aller au loin à 15 ou 20 Lieues quelquefois, acheter des cendres lessivées. Il résulte de renseignemens qu'elles leurs reviennent au moins à 2.50 l'hectolitre en y comprenant les frais et perte, et qu'ils en répandent habituellement de 40 à 50 hectolitres sur la surface d'un hectare de terre labourable; les cendres lessivées présentent donc une dépense d'environ 100 à 125 F.s par hectares; On voit que quelque soit l'économie avec laquelle ces individus voyagent, ces engrais leur revient encore cher, outre que leurs voyages sont pénibles ils leurs occasionnent toujours une grande perte de temps et de fumier et à leur bétail une grande fatigue: ces inconvéniens m'ont toujours paru graves et m'ont fait songer à essayer un nouveau mode d'utiliser le principe actif de la cendre; j'ai pensé que ce principe était le salin, dont le lessivage n'avait pu priver entièrement la cendre et qu'il serait plus avantageux de remplacer l'usage de la cendre comme engrais par l'emploi du salin, à l'extraction duquel des spéculateurs nombreux se livrent dans un rayon assez étendu autour de ma contrée, il n'y est pas rare et on peut s'en procurer à raison de 50 C. le Kilogramme.

Comme je ne pouvais préciser la dose de salin à employer pour une surface donnée, ne connaissant pas d'ailleurs la quantité de ce principe qui pouvait encore contenir la cendre lessivée, ce n'est qu'après plusieurs essais comparatifs (sans oublier le prix de revient) que j'ai pu parvenir à des résultats positifs et satisfaisants: j'ai d'abord essayé de le mélanger à la dose d'un Kilo dans un hectolitre de l'engrais de cendres de tourbe et de terre calcaire dont j'ai parlé plus haut, pour mieux le diviser j'avais eu soin de le dissoudre auparavant dans une quantité suffisante d'eau chaude et je l'ajoutai ensuite à la préparation; Cette composition fut répandue sur une contenance de deux ares de pré; pour établir une comparaison, j'épandai à côté et dans une même contenance de pré un hectolitre de ma première préparation privée de salin, et ainsi que je m'y étais attendu le produit existé par le composé de salin eut sur celui existé par l'autre préparation un avantage marqué.

Cependant j'essayai une autre fois de doubler la dose de salin, de la porter à 2 Kilo le résultat en fut tout à fait satisfaisant, et alors je m'en tenais à cette proportion pour activer suffisamment mon engrais de tourbe calcaire: Je me suis assuré par des essais comparatifs que ce composé, dont le prix de revient s'élève tout au plus aux deux tiers de la valeur du fumier, produit un effet au moins aussi sensible que ce dernier.

Il est vrai de dire que ces effets ne sont peut-être pas aussi durables, car ils disparaissent à peu-près ensuite de la seconde récolte, mais si mon engrais salin doit être employé pour la troisième récolte, lorsqu'un bon fumier d'engrais d'écurie peut produire trois récoltes successives il me reviendra tout au plus aussi cher que le fumier, celui-ci n'étant pas toujours facile à trouver, quand on en manque il est toujours à désirer que l'on puisse le remplacer par un autre moyen.

Malgré tous les avantages de mon engrais salin, je sentais qu'il serait inutile de le recommander à mes voisins qui peut être déjà ont trouvé, soit trop dispendieux soit trop difficile, ou seulement trop ennuyeux mon premier procédé d'engrais de tourbe et de terre calcaire, c'est pourquoi je me suis livré quoique sur une petite échelle à de nouveaux essais sur l'emploi du salin, j'ai simplifié la préparation qui consiste seulement à mêler 3 Kilos de cette substance dissoute dans une quantité suffisante d'eau chaude, avec un hectolitre de terre. Il importe que cette terre soit desséchée, pulvérisée, et qu'elle soit autant que possible de nature argileuse pour les terres sableuses et calcaires et bien entendu de nature siliceuse ou calcaire) pour les terres argileuses.

Une observation constante m'a démontrée que 40 à 50 hectolitres de cet engrais produisait le même effet que la même quantité d'engrais de tourbe saliné ou de cendres lessivées : or, ainsi que je l'ai dit plus haut, le salin contenu au plus 50 c. le kilog. en entrant dans les 40 à 50 hectolitres de l'engrais de terre saliné pour une préparation de 120 à 150 kilog; cet engrais reviendrait donc à 60 ou 75 f. pour une surface d'un hectare de terre, tandis que les cendres lessivées ainsi que je l'ai également dit, au moins 2 f. 50. f. hectolitre en étant employées seules dans la proportion habituelle de 40 à 50 hecto. par hectare, revient à 100 à 130 f. pour engraisser une superficie égale. La différence du prix de revient pour ces deux engrais est donc de 40 à 50 f. par hectare en faveur du salin; outre cet avantage, je dois rappeler qu'en donnant la préférence à ce moyen, qu'ils trouveraient presque sur les lieux, les cultivateurs s'éviteraient de longs et nombreux voyages, beaucoup de peines, de perte de temps et de fumier d'écurie.

Il me reste à faire quelques réflexions sur le mode d'emploi de l'engrais saliné.

Le meilleur est sans contredit pour les terres légères, celui que l'on suit ordinairement pour les cendres lessivées. Après le labourage effectué pour la semaille, on jette la préparation sur le sol en même temps que la semence et on herse le tout ensemble; alors les pluies qui surviennent détrempent l'engrais ou lessivent une seconde fois la cendre, entraînent par leur infiltration et conduisent insensiblement le salin sur les racines des plantes qui s'en nourrissent pendant tout le temps de la végétation; une autre année, ou par une seconde culture le salin qui a échappé à l'action des plantes de la première récolte est conduit au fond de la terre végétale, revient à la surface du sol en se trouve bientôt conduit, comme la première par l'influence des infiltrations pluviales vers les racines des nouvelles plantes qui finiront ainsi par l'épuiser.

Cette explication est si vraie que si l'année pendant laquelle on emploie le salin ou la cendre est plus ou moins sèche : cet engrais n'aura d'abord que des effets bien moins sensibles, quelquefois même peu marqués, bien que plutard ils doivent se développer dans l'occasion, malgré qu'il soit reconnu que les cendres lessivées agissent d'une manière sensible sur les luzernes et les prés de terres fortes; on croit assez généralement que cet engrais ne peut-être d'aucune utilité dans les mêmes terres en culture, particulièrem. sur celles de nature argileuse; cette croyance, fondée en quelque sorte sur les résultats de la pratique m'a toujours étonnée : en effet, me suis-je dit, pourquoi les plantes auraient-elles des goûts si capricieux, qu'elles aimeraient, tels soins, tels alimens dans certaines localités, tandis que dans d'autres, ces mêmes plantes se laisseraient plutôt périr que de se nourrir des mêmes alimens. Cette contradiction m'a préoccupé comme on peut l'être de tant de choses bizarres qui tiennent quelquefois à une cause si simple que l'on s'en veut à soi-même, lorsqu'après avoir cherché cette cause pendant longtemps et bien loin, on la trouve comme par hazard après une vaine et longue recherche sur le pas de la porte.

Cette observation me paraît applicable à la question dont il s'agit, je veux dire à cette croyance dans laquelle se trouve la plupart des Cultivateurs, s'en pouvoir l'expliquer, que les cendres lessivées ne conviennent point aux plantes dans les terres argileuses, il est vrai de dire que la manière vicieuse dont on a essayé de l'engrais dans ces sortes de terrain doit en rendre l'effet, si non toujours nul au moins peu sensible, effectivement je crois avoir assez bien établi que les eaux pluviales étaient nécessaires pour aider l'action de cet engrais; or les terres étant peu perméables, ces eaux n'ont plus d'influence sur les cendres que pour entraîner hors du champ celles qui restent à la surface du sol et les perdre entièrement en les conduisant dans les ruisseaux et les rivières. quant à la partie de ces cendres qui reste enfouie, elle ne peut que se détremper difficilement et n'échapper qu'une faible portion de leur salin, alors c'est seulement à la longue et presqu'insensiblement quand elles sont employées de cette manière;

Mais lorsqu'au lieu d'être répandu sur un terrain labouré, incliné et dépouillé de plantes, elles sont jettées sur une prairie naturelle ou artificielle, on conçois que les eaux pluviales arrêtées par les plantes pénètrent plus facilement dans la terre qui est divisée par les tiges et les racines en entraînant vers celle-ci les sucs de l'engrais, c'est ce qui explique pourquoi les cendres sont efficaces dans un pré de terrain argileux, tandis qu'elles ne produisent presque pas d'effet sur un champ de même nature.

Ces considérations sont également applicables en grande partie au moins à l'emploi de toutes sortes d'engrais dans les terres argileuses, aussi pour mieux utiliser ceux-là, il faudrait autant que possible rendre divisible et poreuses les terres compactes car ces conditions facilitent la multiplication des racines et leur permettent d'aller plus avant dans la terre puiser la nourriture de la plante et on conçoit que plus les racines sont nombreuses pour aller chercher les sucs nutritifs, plus cette plante est vigoureuse et rapporte, ensuite la terre moins adhérente et tenace peut-être labourée en temps et lieu convenable, avec un tirage moindre d'un quart ou au moins d'un cinquième, enfin l'air, la chaleur du soleil pénètrent plus facilement dans l'intérieur de la terre, alimentent, échauffent et rafraîchissent plus aisément les racines des grains ; les eaux trouvent aussi un libre écoulement sans lequel elles croupissent dans les champs et occasionnent souvent après l'hyver par leur séjour ou par l'effet de la congellation, soit la pourriture des graines soit le refroidissement de la terre.

Plusieurs moyens peuvent être employés pour obtenir la division et la porosité de la terre, ce sont entr'autres, le fumier de Cheval, sortant de l'écurie, le sable et la chaux, cette dernière va faire l'objet de quelques observations.

D'après la recommandation des ouvrages d'Agriculture et d'après le besoin dans lequel je me suis trouvé d'augmenter mes engrais, j'ai essayé à plusieurs reprises l'emploi de la chaux vive sur une portion de mes terres que l'on considérait comme terres froides, mais qui cependant contiennent une certaine quantité de sable, je n'ai jamais eu lieu d'être satisfait du résultat, j'ai renouvellé ces essai sur des terrains de différentes nature, excepté sur des terrains d'argile pur, sans en obtenir un meilleur effet. Ces insuccès étant contradictoire avec les résultats obtenus par certains Cultivateurs, j'ai dû penser que ceux-ci n'avaient employé la chaux que sur des terres argilleuses et compactes sur lesquelles je n'étais pas à portée de faire d'autres expériences.

Dès lors je renonçais à l'emploi de ce moyen comme engrais et comme principe échauffant et me demandai, si l'on ne devait pas plustôt attribuer à la chaux la propriété de diviser les terres compactes et argileuses, que celle que celle de les nourrir et de les échauffer, car pourquoi la chaux contiendrait-elle des sucs nutritifs qui ne seraient profitables qu'à certaines terres, ceci me paraissait inexplicable, mais si comme je n'en doute pas la chaux n'est qu'un moyen de diviser la terre, de la rendre plus légère à labourer et plus perméable, on ne saurait trop, je le conçois la recommander dans les terres fortes ; Mais comme dans certaines contrées elle peut devenir très cher aussi bien que le sable et que le fumier de Cheval n'y est jamais en assez grande abondance, il n'est guère possible d'espérer que ces moyens soient suffisamment employés pour diviser convenablement les terres

Il m'est à peu-près démontré que l'on pourrait très souvent remplacer avec avantage l'un de ces moyens par de la terre calcaire amené à l'état de chaux par la cuisson ; Cet avantage me paraît d'autant plus grand que j'ai remarqué la facilité avec laquelle cette terre se calcinait, à l'aide d'une faible quantité de tourbe mise en combustion, ce qui m'a fait penser que les cultivateurs pourraient par ce moyen se procurer avec une légère dépense une grande quantité de chaux très propre à ameublir leur terre. Il suffirait simplement d'établir un four à trois ou à 4 embouchures et d'une capacité telle qu'on le jugerait convenable de se procurer de la terre calcaire que l'on ferait bien sêches et que l'on pulvériserait ensuite, pour la cuire on procèderait de la manière déjà indiquée pour l'engrais de tourbe calcaire, à défaut de tourbe celle-ci peut être remplacée par des fagots du prix le moins élevé, si on se sert de ces derniers, on les dressera d'abord dans le four en laissant entr'eux un intervalle d'environ 15 Centimètres que l'on garnira de la terre préparé et l'on remplira successivement le four de plusieurs couches semblables que l'on établira de la même manière, avec cette différence seulement que dans les couches supérieures on pourrait laisser entre les fagots une espace d'environ 25 Centimètres; Enfin on mettra le feu aux fagots dont la combustion suffira pour cuire la terre.

Or, il faudrait à peu-près 30 à 40 hectolitres de cette chaux sur une surface de 20 ares pour obtenir à la première semaille un ameublissement convenable; le meilleur mode de l'employer dans ce but serait de la jeter en même temps que la semence sur le champ, puis de la recouvrir soit par la rite [1] soit avec le scarificateur, soit enfin par un labour superficiel, de manière à ne pas trop l'enfouir, afin qu'elle produise un effet plus sensible, c'est-à-dire qu'elle divise la terre et l'ameublisse dans sa couche superficielle où doivent germer et croître les grains: on reconnaîtra que ce moyen aiderait beaucoup, aussi l'influence des engrais sur les terres argileuses et que l'on pourrait y employer en même temps avec avantage les préparations salinées et les cendres lessivées, que nous avons vus presque sans action sur ces mêmes terres, lorsqu'elles n'ont pas été préalablement ameublies par un moyen quelconque.

Telles sont les diverses observations que j'avais à présenter à la société centrale de Nancy, c'était pour moi un devoir de lui rendre compte, d'abord des faits qui me concernent person=
=nellement et qui ont créé ma position actuelle, puis aussi des résultats de quelques uns de mes essais sur l'emploi de divers engrais; je m'empresserai toujours de lui communiquer avec confiance, ainsi qu'aux autres sociétés d'agriculture dont j'ai aussi l'honneur de faire partie, qui sont la société d'émulation du Département des Vosges, le Comice agricole de Neufchâteau, La société d'Agriculture d'Evreux, la Société industrielle d'Anges, l'Académie Royale de Florence, enfin la société tibertine de la Vallée du Tibre et de la Toscane (Italie) les remarques que je pourrai faire dans mes travaux agricoles et qui me sembleront présenter quelqu'intérêt, et trop heureux, si tout en m'efforçant d'améliorer ma culture, je puis en même temps me rendre utile et témoigner ainsi à ces sociétés combien j'ai à cœur de conserver les sentimens d'intérêt et de bienveillance dont elles ont toujours bien voulu m'honorer.

[1] Instrument généralement employé en Lorraine.

E.S.V.P.

Quelques réflexions sur les avantages de l'Agriculture
comparés avec ceux des autres industries

J'ai lu en dix-huit cent trente-quatre sur un recueil de la Société industrielle d'Angers que l'académie des Sciences de Paris avait mis un prix de dix mille francs à l'auteur du meilleur mémoire qui ferait connaître les causes qui rendent malheureux les habitants de certaines contrées: cette question attira dès lors mon attention; loin de moi toutefois, la pensée de prétendre à l'obtention d'un prix que le défaut de savoir et l'importance du sujet ne me permettent pas de disputer mais étant né sans fortune, et ayant vécu jusqu'à vingt-neuf ans dans la condition la plus ordinaire du cultivateur, je me place tout à coup par des circonstances heureuses à portée d'observer quelque temps la classe supérieure de la société ces vicissitudes m'ont mis à même, en revenant à mes habitudes champêtres d'établir quelques comparaisons entre les deux extrêmes de l'ordre social. Les réflexions que m'ont suggérées ces comparaisons m'a paru devoir être de nature, si on a résoudre la question dont il s'agit, du moins à fournir peut-être quelques matériaux à celui qui voudrait la traiter sérieusement.

C'est donc dans ces limites et avec aussi peu d'espoir que je me permettrai de présenter à la Société centrale quelques réflexions sur un sujet qui me semble intéresser à un haut degré l'agriculture parce que, à mon sens on ne peut étudier celui-là sans faire ressortir les vices de l'éducation des cultivateurs surtout dans certaines contrées, c'est faire pressentir que telles me semblent être les sources principales d'où dérive le mal dont l'académie des sciences recherche la cause.

Il existe deux classes bien distinctes de cultivateurs l'une comprend les propriétaires riches ou aisés, qui ne se livrent que peu ou point personnellement aux travaux de la terre, ce n'est pas de ceux-là, que le besoin ne peut rendre malheureux; l'autre classe se compose de ceux qui cultivent la terre eux-mêmes, l'arrosant de leurs sueurs et se livrant sans réserve à tous les travaux que commande l'agriculture, c'est cette classe qui est la plus nombreuse, c'est elle qui intéresse le plus la Société parce qu'elle est en quelque sorte la seule destinée à faire sortir du néant tant de ressources qui non seulement sont si utiles et si nécessaires à l'existence de tous, mais encore qui concourent de la manière la plus directe au bien être particulier comme au bien être général.

C'est une vérité que tout le monde comprend, elle est également reconnue par le gouvernement même qui pour encourager les cultivateurs, fait des sacrifices annuels et considérables en distribuant à ceux d'entre eux qui l'ont mérité soit des récompenses pécuniaires soit des distinctions honorables, c'est encore au même but que tendent le zèle, l'activité et les sacrifices que font en particulier tous les membres composant les nombreuses Sociétés d'agriculture.

Cependant comment se fait-il que malgré tant de sacrifices et tant d'efforts si louables d'une part et d'autre l'agriculture languit et reste en souffrance; cette question n'a pas encore été résolue d'une manière satisfaisante et l'importance qu'on attache à sa solution, occupe activement beaucoup d'agronomes à la recherche des moyens de l'obtenir.

Dans le principe et pendant longtemps on s'est adressé aux anciens laboureurs, on a cherché à leur inspirer pour l'agriculture toute l'affection possible en tâchant de leur faire comprendre les avantages qu'ils pourraient retirer de l'emploi de tels ou tels autres procédés différents de leurs vieilles et vicieuses habitudes, mais malgré ces tentatives judicieuses, on n'a la plupart du temps rien obtenu de ces cultivateurs; si non une réponse à peu près semblable à celle que fit un jour un vieillard à un jeune homme qui depuis longtemps le tourmentait et se tourmentait lui-même pour lui apprendre quelque chose lui disait-il d'utile et d'avantageux penses-tu petit sot, faire entrer tes leçons dans ma tête grise, apprends-le mon enfant et surtout retiens le bien, si tu veux ajouter la science en partage, livre toi à l'étude au printemps de ton âge. car plus tard il ne sera plus temps: aussi depuis longtemps déjà a-t-on reconnu que l'on persisterait vainement à inspirer aux anciens laboureurs quelques idées d'améliorer leur culture et que ce serait perdre du temps et desespérer que de vouloir leur faire parcourir leur pénible carrière autrement qu'ils ne l'ont commencée. On a dû comprendre par là même que pour obtenir de meilleurs résultats il ne fallait compter que sur les nouveaux laboureurs que l'on élèverait pour ainsi dire et chez lesquels on aurait tout à créer et rien à détruire. Ce moyen rationnel offrant beaucoup de chances de succès, partout on s'est empressé de le mettre en usage. Et bon nombre de mesures ont été prises à cet effet, on enseigne l'agriculture dans les écoles primaires et de nombreuses institutions agricoles pratiques sont établies: certainement qu'à l'aide de ces mesures on parviendra tôt ou tard au but que l'on se propose.

Cependant dans ma pensée, qui probablement ne sera pas d'accord à ce sujet avec l'opinion de beaucoup d'autres, ces mesures seront insuffisantes pour arriver à ce but. J'ai toujours entendu dire et avec raison, que pour guérir un mal et pouvoir y appliquer un remède certain; il est absolument nécessaire, non seulement de bien connaître ce mal, mais encore son origine et ses causes; que dans le cas contraire ce n'est que par l'effet du plus grand hazard si on guérit et que le plus ordinairement on ne fait qu'entretenir et même aggraver le mal.

Ce principe me semble tout à fait applicable à mon sujet: tout le monde sait que l'agriculture est en souffrance mais, en est-on bien trouvé la cause, il y a lieu d'en douter, puisque jusqu'alors on n'a pu trouver le moyen de remédier à cet état de choses. Sans oser prétendre que j'indiquerai d'une manière certaine la source du mal que je viens de signaler, je puis espérer pourtant pouvoir la faire entrevoir par quelques unes de mes réflexions.

Les auteurs ont beau vanter les charmes et les avantages de l'agriculture, cet art offre aujourd'hui peu d'attrait aux yeux de ceux qui naissent cultivateurs, je ne parle toujours que de ceux qui par leur position doivent travailler eux mêmes et sans relâche. C'est ordinairement à l'âge de dix à douze ans qu'un jeune homme commence à se livrer à ces sortes de travaux, à cette époque de la vie, la raison n'a pas encore tout le développement que l'on peut espérer, aussi songe-t-on peu à l'avenir pour ne s'occuper que du présent, or on comprendra facilement que ce jeune homme, forcé dès le mois de février ou de mars de quitter l'école primaire pour aller chasser les boeufs à la charrue, marcher péniblement sur un sol détrempé et déchiré aux dues, et essuyer enfin toutes les intempéries de la saison, on comprendra dis-je de quel oeil cet enfant doit envisager l'agriculture et son avenir surtout si en rentrant chez lui, engourdi de froid et exténué de fatigue il retrouve des camarades sortant gais et lestes d'un lieu où ils continuent à apprendre ce qu'il aura lui-même bientôt oublié, quoique très jeune encore il sait facilement établir entre sa situation et celle de ses camarades une comparaison d'où lui viennent la plupart du temps et des regrets et une aversion bien passionnée pour l'agriculture; ce sentiment ne fait qu'accroître avec l'âge, jusqu'à ce qu'enfin ce jeune laboureur profite avec empressement de la première occasion pour quitter son état et se livrer à l'exercice d'une autre profession.

Cet ordre de chose étonne d'autant moins que l'on voit souvent des laboureurs qui, fatigués eux-mêmes de travaux toujours nombreux, pénibles et peu profitables surtout lorsqu'ils ne sont pas raisonnés, voient avec plaisir leurs enfants et provoquent même leurs dispositions à rechercher une autre carrière que la leur.

C'est ainsi que l'on voit beaucoup de jeunes gens abandonner la charrue, renoncer à l'état de leurs pères pour en embrasser un autre qui leur paraît moins désagréable et moins dur.

Cette résolution me semble d'autant plus funeste à l'agriculture qu'elle lui enlève souvent l'élite de ses ouvriers, et qu'elle ne lui laisse la plupart du temps que des gens sans goût et sans intelligence, des hommes qui traînent misérablement leur charrue pendant toute leur existence, ou qui destinés au service du laboureur peuvent être considérés comme la plaie de l'agriculture.

Mais cet ordre de choses si n'entraîne pas seulement des conséquences fâcheuses pour l'agriculture, il en résulte encore des inconvénients très graves tant pour l'avenir de beaucoup de jeunes gens, que pour le bien être de la société. En effet ces jeunes gens qui ont quitté la charrue pour se mettre à l'apprentissage d'une profession arrivent bientôt à un âge où leur intelligence a pris tout son développement et où ils sentent le désir, le besoin d'utiliser leurs connaissances acquises; alors leur avenir se présente à leur imagination sous les plus brillantes couleurs. Mais moins que l'état agricole ne pourrait en ce moment les désillusionner. Le coeur plein d'espoir ils cheminent à grands pas vers les grandes villes, où ils trouvent les ateliers encombrés d'ouvriers, toutes les places occupées et ce, malheureusement ils rencontrent toujours l'occasion, si non de gagner suffisamment d'argent, au moins d'en dépenser beaucoup, alors livrés à eux-mêmes à une époque de la vie, où les passions se développent et doivent être réprimées, ils n'ont ni assez de force ni assez de prudence pour les maîtriser, dès lors entraînés autant par les mauvais exemples que par la fougue des sens, ils sont bientôt conduits dans un abîme où ils restent victimes des dangers dont on n'a su ni les soustraire ni les préserver.

Quelle est la destinée d'un grand nombre d'individus qui par leurs facultés intellectuelles et par les dons qu'ils ont
reçus de la nature devaient faire honneur à la société et concourir à son bien être général; tel
est encore le résultat d'une fausse illusion.

Mais ne doit-on pas reconnaître aussi dans ces circonstances, les principales causes qui rendent malheureux
les habitants de certaines contrées; l'on remarque généralement, que dans les contrées où l'industrie occupe un
grand nombre de bras, l'agriculture est pour ainsi abandonnée ou du moins peu considérée, soit que les conseils
et l'exemple persuadent trop facilement de jeunes cultivateurs encore incapables de raisonner sainement
qu'ils trouveront plus d'avantage dans une autre profession que dans la leur, soit que la comparaison des inconvénients des peines attachées à chacune d'elles ne le dégoûte de sa condition et ne lui en fasse rechercher une
nouvelle.

Ainsi pendant que le laboureur devra braver tous les accidents atmosphériques pour se livrer aux travaux
de la campagne, l'ouvrier industriel fait sa besogne à l'abri des intempéries.

Celui-ci prend déjà des récréations ou son repos, lorsque celui-là quitte seulement les champs et son ouvrage
puis on l'y retrouve de grand matin, lorsque l'autre est encore livré au sommeil.

Enfin lorsque l'ouvrier industriel se repose le septième jour de la semaine, celui des champs doit
des soins à ses bestiaux et souvent de travaux urgents il l'appellent encore à la campagne

Ces diverses considérations et beaucoup d'autres de même nature se représentent journellement à
l'esprit d'un grand nombre de cultivateurs les dégoûtent quelquefois et les rendent malheureux.

Cependant ces prétendus avantages de l'industrie et du commerce sur l'agriculture ne sont en
général qu'apparents, ou tout au moins très incertains il faut bien le reconnaître, mais cette apparence est
trompeuse et si elle séduit, elle entraîne souvent de grands maux.

D'abord, combien ne voit-on pas de gens que l'ambition travaille, et qui excités par la réussite de quelques autres, se lancent dans des entreprises hasardeuses ou établissent une concurrence dont ils ne peuvent
supporter longtemps le poids, et finissent par une catastrophe ou par la misère; tel autre commerçant
réalise des bénéfices, mais enivré de ce succès, il les croit trop grands ou susceptibles de s'accroître encore;
le luxe de sa table et de sa maison n'a plus de borne, et bientôt les dépenses excèdent les recettes, sa fortune
s'épuise, alors sa satisfaction des besoins qu'il s'est créé le conduit à sa perte et c'est très heureux s'il n'entraîne
pas avec lui de nombreuses victimes dont il aura au moins compromis la fortune et le bonheur.

Mais cette population d'ouvriers qui fréquentent les grands ateliers et les fabriques. et dont le sort est quelquefois,
si envié par de jeunes cultivateurs, est-elle si heureuse que leur condition puisse être recherchée raisonnablement.
outre que la santé de ces hommes soit souvent compromise par leur séjour continuel dans un lieu
infecte et malsain et que leur altération physique se perpétue trop souvent chez leurs malheureux enfants,
les voit-on communément ces hommes avoir en partage cette tranquillité d'esprit, ce vrai bonheur que l'on rencontre presque
toujours chez la plupart des cultivateurs, ceux-ci sobres, robustes et laborieux ne connaissent point généralement les soucis
de l'ambition et les regrets de la débauche, et s'ils ne s'enrichissent pas, très rarement, on les trouve dénués
des 1ères ressources nécessaires à leur existence ou exposés à des revers de fortune désastreux. le calme des passions
le travail, la sobriété, et la santé font tout leur bonheur, mais cette classe d'ouvriers industriels trouvent ils
dans leur conduite la plus commune les mêmes éléments d'une vie heureuse généralement abandonnés à eux
mêmes dès leur bas âge et mis en contact avec des gens chez qui la dépravation des mœurs est une condition
ordinaire, et la bonne moralité une exception, ils contractent bientôt par la contagion de l'exemple de funestes
habitudes, souvent ils dissipent en un jour tout ce qu'ils ont gagné dans la semaine; s'ils ont des enfants les
obligations de la paternité ne servent pas toujours de frein à leurs dérèglements. le luxe des vêtements et de
la table contribuent encore à épuiser leurs ressources, on les voit rarement même montrer la prévoyance
instinctive des animaux, de conserver quelque chose pour le lendemain. Ils vivent enfin au jour le jour, mais
que deviendra cette population d'ouvriers, si lors même qu'un travail non interrompu ne leur procure aucun supplé-
ment, aucune réserve, ils viennent à être affligés de maladies ou de vieillesse, ou si par un motif quelconque le
maître qui les fait vivre ferme les ateliers! privés alors de ressources s'ils ne peuvent s'engager ailleurs, ils se trouvent
alors dans une misère complète, ce dénuement leur est d'autant plus pénible qu'ils s'étaient livrés à des habitudes
de prodigalités, et si la pitié publique ne vient pas à leur secours, leur état de détresse peut engendrer des malheurs.

C'est ainsi qu'un grand nombre d'industriels, nés peut-être avec un naturel heureux mais entraînés par des penchants vicieux fruits d'une mauvaise éducation et d'une fausse direction imprimée à leurs facultés morales peuplent certaines contrées plus que d'autres de malheureux; souvent même le crime n'a pas d'autres sources et trouve ainsi le chemin de l'échafaud.

Que si l'on mette en parallèle au contraire les contrées essentiellement agricoles et les contrées industrielles. Dans celles-ci on rencontre presque toujours l'aisance et les bonnes mœurs, mais la misère et le crime y sont à peine connus.

Il est donc évident que si l'agriculture présente d'abord à la jeunesse moins d'attraits que certaines industries ou certaines professions, elle lui offre pourtant si non une brillante carrière du moins un avenir plus sûr exempt de soucis sérieux, de regrets amers, il importe en conséquence pour éviter de nombreuses déceptions. Si fréquentes quelquefois dans leurs conséquences d'inspirer de bonne heure aux enfants le goût, l'amour de l'agriculture et de les armer de ce penchant lorsque leurs inclinations faussées par une mauvaise direction les conduisent vers un but qui n'est pas le leur. C'est pourquoi le gouvernement se joignant sur ces vérités recommande dans les écoles primaires l'enseignement des premières notions de l'agriculture; mais cette bienveillante sollicitude, il faut le dire, est trop souvent impuissante parce qu'elle n'est pas suffisamment secondée par la bonne volonté des cultivateurs. c'est donc à eux-ci qu'il importe surtout de mieux diriger qu'ils ne le font habituellement, les premières idées d'avenir de leurs enfants, ou l'état qu'ils doivent embrasser un jour, qu'ils ne leur donnent point une mauvaise idée de l'art agricole en les livrant à des travaux qui excéderaient les forces de leur âge, ou en leur inspirant une ambition mal conçue d'une profession soi-disant plus lucrative ou plus élevée.

Qu'ils les obligent à fréquenter régulièrement les écoles primaires pour y puiser les connaissances à l'aide desquelles ils parcourront plus heureusement leur carrière. Ces parents auront alors rempli dignement les devoirs de la paternité et donné à la société des hommes de bien et des citoyens utiles.

BIBLIOTHEQUE ROYALE

www.ingramcontent.com/pod-product-compliance
Lightning Source LLC
LaVergne TN
LVHW010508060726
842527LV00005B/1948